インプレスR&D ［NextPublishing］
E-Book / Print Book

震災
ドキュメント
series

熊本地震 情報通信の 被害・復旧・ 活用状況

会津 泉

スマートフォン・携帯電話や
インターネットなどが、
被災地での情報伝達に
どこまで活用できたのか

はじめに

　熊本地震により被災された皆様、ご家族の皆様に、心よりお見舞い申し上げますとともに、1日も早く復旧が進むことをお祈りいたします。

　本書では、災害時にきわめて重要とされる情報伝達・共有について、熊本地震ではスマートフォン・携帯電話やインターネットなどが、被災地での情報伝達にどう活用できたのか、どこに課題があったのかを中心に述べようと思います。ただし、あくまで筆者個人の立場での経験・知見をまとめたもので、筆者が所属する組織を代表するものではないことをあらかじめお断りします。

　災害から間もなく半年が過ぎようとしていますが、復興がなかなか進まないことで、被災された皆様のご苦労は大変大きなものがあると拝察いたします。少しでも早く、また皆様の思いに沿った中身での復興が進められることを衷心より祈念しております。

　同時に、繰り返される災害のなかで、個々の経験から生きた教訓が抽出・共有されて、次の災害の防災・減災に少しでも役立つものとなることを、強く願います。

　とくに、今後の災害の備えとして、防災・減災に活用できる情報通信技術の関係組織、個人のいっそうの連携が必要と思えてなりません。

2016年10月

会津　泉

目次

はじめに ……………………………………………………………… 2

第1章　災害と情報の重要性 ……………………………………… 5
　1-1　災害時の「情報の空白地帯」の発生 ……………………… 6
　1-2　IT DART の活動 …………………………………………… 9

第2章　情報通信の概況 …………………………………………… 11
　2-1　「情報の空白地帯」は発生したのか ……………………… 12
　2-2　Wi-Fi 環境の整備・計測結果 ……………………………… 14

第3章　サービスの利用状況 ……………………………………… 19
　3-1　ソーシャルメディアの活用 ……………………………… 20
　3-2　支援物資には遅れも － 情報システムの準備なく ……… 21
　3-3　デジタルとアナログ 「情報弱者」への支援策 ………… 22
　3-4　県境を越えた支援展開 …………………………………… 24

第4章　今後の展開について ……………………………………… 25
　4-1　被災住民の意思を中心に ………………………………… 26
　4-2　県外・広域避難者について ……………………………… 27
　4-3　社協の災害支援の課題 …………………………………… 28

　　謝辞 ……………………………………………………………… 31

著者紹介 …………………………………………………………… 33

阿蘇市図書館（内牧）近くの、縦ズレ断層。（4月30日）

1

第1章　災害と情報の重要性

1-1 災害時の「情報の空白地帯」の発生

　1995年の阪神・淡路大震災は、日本で当時普及していたパソコン通信や普及が始まりつつあった携帯電話などの情報通信技術が、被災者、支援者の情報伝達手段として利用されたはじめての大規模災害だった。

　神戸市は、震災以前から自治体としては全国に先駆けてインターネットを導入し、観光情報などの発信を行っていたが、発災直後から被災状況をホームページに次々に掲載し、国内はもとより海外からも多数のアクセスが集中し、国際的に大きな反響を呼んだ。他方、被災した市民に対して、紙ベースでの広報紙を連日発行するなど、災害時の情報発信に先駆的な役割を果たした。

　ただし、被害が激しかった地域では、家屋が損壊し、停電が続き、通信回線も不通で、情報通信技術を利用できたのは、被災地以外の人々に限られていた。携帯電話も、充電できなくなると使えなくなってしまった。こうしたことから、被災地の中心部ほど情報伝達が困難な状況、いわゆる「情報空白地帯」が発生していた。

　被災者の生命、生活を支える活動に、当時最新の情報通信技術が果たした役割はきわめて限定的であった。

　16年後の2011年の東日本大震災は、インターネットと携帯電話の利用が一般に広く普及したなかで発生した日本で初の大規模災害だった。津波が直撃した東北地方沿岸部を中心に、道路、電気、通信などの社会インフラが完全に破壊された地域では、阪神・淡路大震災と同等ないしそれ以上に、地震直後から「情報の空白地帯」が広範に発生した。最新の情報通信技術も、被災者の生命を助け、生活の支援に十分に役立つこと

は、やはりできなかった。

　「情報の空白地帯」については、阪神・淡路大震災当時、神戸市の広報課職員だった松崎太亮氏が、震災直後からインターネット、広報紙と、デジタル、アナログの両方のメディアで被災状況の情報発信を行った経験をもとに、以下で詳しく述べている。松崎太亮「東日本大震災における復興の視点と情報面からの支援」（『インターネット白書2011』2011年・インプレスR&D）、同「被災者を追い詰めた『情報の空白地帯』」（『3.11被災地の証言』2012年・インプレスR&D）。

　筆者は、阪神・淡路大震災のあと、災害支援にインターネットが果たせる可能性を認識したつもりであったが、東日本大震災に至るまで、実際にはほぼ何もしてこなかった。その反省が、松崎氏をはじめ情報通信関係の仕事をする有志によって「情報支援プロボノ・プラットフォーム（iSPP）」を2011年5月に設立した動機でもあった。iSPPでは、東日本大震災の東北三県被災者を対象に、2011年7月に「情報行動調査」を実施し、翌年3月に『3.11被災地の証言』を上梓した。

　この調査では、被災した場所および災害発生からの経過時間によって、情報伝達に関連する行動は大きく異なること、具体的には東北の沿岸部と内陸部の差、震災発生直後の状況で必要となる情報と、1カ月後、3カ月後のそれとの違いなどが、データと地元の人々の証言により、明確に示される結果となった。「情報の空白地帯」の現れは、具体的な時間と場所によって大きく異なっていたのだった。

情報支援プロボノ・プラットフォーム（iSPP）のホームページ

1-2　IT DARTの活動

　2015年8月、東日本大震災で情報技術（IT）を活用して支援活動を行ってきた団体・個人の有志により、民間ボランティア団体、一般社団法人情報支援レスキュー隊（IT DART）が設立された。IT DARTは、東日本大震災の教訓・課題を受けて、災害の発生直後から活動を開始し、本格的な復興事業が始まるまでの期間に、情報の収集・活用・発信に関わる支援活動を機動的に行うことを目的として設立された。2016年4月の熊本地震は、このIT DARTにとってはじめて本格的な支援活動に取り組んだものとなった。

　4月14日21時26分、熊本で震度7の地震発生との報道を受け、翌15日昼、東京、仙台、京都のメンバーは、インターネットを利用して緊急会議を開き、現地への先遣隊派遣を含め、活動の方向性を議論した。

　この時点では、具体的な被害状況についての情報はまだ少なく、現地への交通手段や安全が確保できるか不明な状況で、果たして十分な活動ができるのか、慎重論もあった。しかし仮に不十分であっても、今後の活動への経験を重ねる意味も含めて、熊本に先遣隊を出し、後方部隊を立ち上げるなど、積極的に関与することで意見が一致した。

　並行して、Facebookで「20160414　熊本地震災害支援」という公開グループを立ち上げ、被災者が必要とする支援についての情報交換を開始した。このグループは、その後メンバーが4300名に達し、支援活動のための情報共有に広く利用された。

　4月16日、被害状況の把握、IT支援ニーズの把握とその方法の検討、現地・支援関係者とのネットワーク形成、情報共有などを任務として、

先遣隊4名が東京・横浜・京都から現地に向かった。

　熊本に直接向かう予定だったが、16日未明の本震により熊本空港が閉鎖されたため、急遽行き先を福岡に変更し、いったん福岡に集合し、熊本のIT関係の企業の方などとの電話連絡を中心に情報収集を行った。翌17日、レンタカーで熊本市に隣接する合志市に入り、さらに熊本市内に到達した。筆者も先遣隊に参加し、地元の状況について情報を収集し、東京などで待機しているIT DARTの支援チームに必要な情報を伝達する活動を行った。

　IT DARTでは、先遣隊からの報告に加えてインターネットなどでの情報収集・共有を行い、それらに基づいて4月から5月にかけて、被災した自治体のホームページのモニタリング、支援活動のためのツールを提供するシステム開発、災害ボランティアセンターなどへのパソコン、無線LANルーター、蓄電池などの通信機器の貸与や現地での技術支援などの活動を行っていった。

　筆者はその後4月26日から5月2日にかけて、前回の活動のフォローと調査のために、福岡市、熊本市、高森町、南阿蘇村、阿蘇市、竹田市、北九州市を訪問し、現地の情報通信関係企業、自治体、官庁（総務省・経済産業省）の出先機関、支援団体や企業の皆さんと、情報支援関係の活動を中心に、情報交換・意見交換を行った。

第2章　情報通信の概況

2-1 「情報の空白地帯」は発生したのか

　今回の二度にわたる震度７の地震では、南阿蘇村の大規模土砂崩れによる損壊や、熊本市・益城町などの市街地の建物倒壊などによって、固定・無線の情報通信インフラの損傷が激しかった。地震直後には通話が集中し、携帯電話などが一時的につながらない輻輳状態が発生していたが、全体としてみれば、利用者側からの顕著な不満は少なく、「情報の空白地帯」は部分的には存在したが局所的で、最大震度７の地震被害の規模のわりには、範囲も継続時間も少なかったといえる。

　これは、東日本大震災以降の災害対策が進んでいたこと、通信事業者各社が被災直後から迅速・精力的な復旧の取り組みを行ったこと、九州電力の電源復旧対応が迅速に進められたことなどによるといえる。当然ではあるが、東日本大震災は、津波および原発汚染を含めてきわめて広範な地域に被害が及んだのに対して、熊本地震は罹災地域の面積が東北ほどには広くなく、道路などのインフラの損傷も比較的限定的であったため、復旧作業に必要な人員・資材の集中投下が可能だったといえる。

　しかし、通信事業者の復旧への取り組みは、インフラを支える企業として当然とはいえ、高く評価すべきだろう。NTT東日本、NTTドコモ、KDDIの現地の復旧部隊の方たちに直接お聞きした話では、熊本市では被災によってホテルなど宿泊施設が営業停止となり、応援部隊の宿泊に困窮をきわめ、事業所の建物が被災して作業スペースの確保に苦労したという。彼らの献身的な作業のおかげで、通信インフラの復旧が比較的順調に進んだことは、あえて記しておきたい。

　被災した自治体、避難所、災害ボランティアセンターなどへの無線LAN

機器の提供も迅速に行われ、無線LANビジネス推進連絡会による、いわゆる「00000JAPAN」の公衆無線インターネット接続の無料開放も展開された。これらの組織的な取り組みは東日本大震災以降の災害でも、あまり見られなかった事例といえる。

　こうして、物理的な意味での情報伝達手段の欠損は少なく、それによる「情報の空白地帯」は、局所的、限定的にしか存在しなかったと推定できる。ただし、後述するが、一人ひとりの被災者がほんとうに必要とする情報コンテンツが、その内容、タイミング、範囲などの面で十分に行き渡っていたかという点では、必ずしもそうとはいえない。

2-2　Wi-Fi環境の整備・計測結果

　今回の震災での情報伝達手段としては、無線LANによるインターネット接続、いわゆるWi-Fi環境の整備・提供が広範かつ組織的に進められたことが特徴的だったといえる。

　そこで、実際にどの程度利用できる環境が整備されたのか、九州大学の実積寿也教授に同行いただき、熊本市内（4月25日）および阿蘇地域（4月29日〜30日）の計24か所で、「00000JAPAN」をはじめとするWi-Fi（無線LAN）環境について、接続状況・速度について計測を行った。

　実積氏が5月7日にFacebookに掲載した速報によると「00000JAPAN」は、熊本市街地で測定した14か所のうち9か所で接続でき、接続速度は、ダウンロードで最高13.61Mbpsが1か所、同6Mbps台が3か所、2Mbps台が2か所、1Mbps台が1か所、1Mbps以下が2か所、SSIDは見えたが計測不可能だったのが3か所、SSIDがなかったのが2か所というデータが示された。

測定地点は、電停、新幹線ホーム、アーケードなどの一般市街地が大半であった。参考までに同一地点でのソフトバンクのLTEは、ダウンロードで最高50Mbps、最低でも11Mbpsと、すべての地点で「00000JAPAN」を上回る数値を示していた。[1]

　測定方法は、スマートフォンでOokla社の計測アプリを使用し、一か所あたり3〜5回計測を行い、平均値を採用した。
　阿蘇地域では、役場、災害ボランティアセンター、避難所などで測定したが、10か所のうち7か所で「00000JAPAN」に接続でき、ダウンロード速度は最大値が14.87Mbpsが1か所、6Mbps台が2か所、4Mbps台2か所、2Mbps台と1Mbps台が各1か所で、3か所で接続できなかった。

　これらはあくまで限定的な測定結果ではあるが、全体として、市街部では携帯LTE回線の早期復旧が効果的である反面、阿蘇地域の公的施設などでは「00000JAPAN」の設置が効果的だったと推定される。

　ただし、「00000JAPAN」が設置された場所には「この付近で無線LANが使えます」と掲示されていたが、実際には数メートル移動しないと電波が入らなかったような場所もあり、一般の人々が簡便に利用できるためには、いっそうの工夫が必要と思われる。

第2章　情報通信の概況　　15

Location (in Japanese)

#	Name of the location	#	Name of the location
1	二本木口電停	13	熊本市役所玄関
2	熊本駅前電停	14	南阿蘇村役場ロビー
3	熊本駅新幹線11番ホーム	15	南阿蘇村総合福祉センター入口
4	新市街入口辛島町電停側	16	あか牛の館ロビー
5	新市街アーケード中央部	17	南阿蘇村役場白水庁舎入口
6	新市街と下通りの交点	18	高森町役場入口
7	下通りアーケード中央部	19	阿蘇市役所ロビー
8	下通り入口通町電停側	20	お食事処はなびし
9	上通り入口通町電停側	21	阿蘇市阿蘇図書館
10	上通りアーケード中央部	22	阿蘇市ボランティアセンター入口
11	上通りアーケードこむらさき前	23	阿蘇市立体育館入口
12	熊本県立美術館分館前	24	熊本駅新幹線11番ホーム

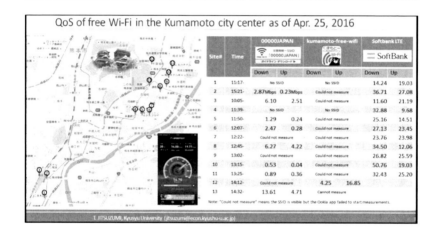

1. 計測に使用した携帯電話は、ソフトバンク回線利用契約のものであった。

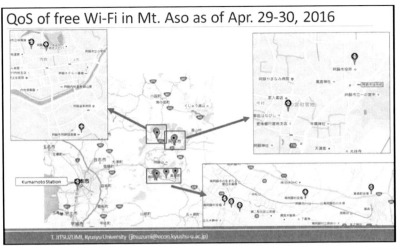

(提供:実積寿也氏
　https://www.facebook.com/toshiya.jitsuzumi/posts/10153954264374733)

第2章　情報通信の概況　17

3

第3章　サービスの利用状況

3-1　ソーシャルメディアの活用

　今回の熊本地震では、5年前の東日本大震災の時と比較して、一般市民の情報通信サービスの利用状況は大きく変わっていた。

　Facebook、LINEなど、インターネットおよびスマートフォン、タブレット端末などによる各種のソーシャルメディア・サービスを活用した情報発信・共有が大きく増加した。他方、被災地現地・避難所などでは、テレビ、ラジオ、新聞など既存のアナログメディアによる情報獲得も広く行われていたという。通信手段さえ確保できれば、必要な生活情報の共有は難しくはなかったようだ。

　ただし、一部の「例外」として、阿蘇市内牧地区では、本震後、携帯電話会社のうち1社がまったく通じなくなり、4月末近くまで復旧しなかったため事業者を変更した、という強い不満の声を現地の市民から聞いた。

　また、携帯電話の輻輳との関連では、データ通信の容量制限、いわゆる「パケ切れ」を心配して、スマホによるサイトへのアクセスを自制したユーザーが多いとの声を、4月16日段階で聞いた。これについては、4月18日からドコモとソフトバンクが容量制限を撤廃し、KDDIも10GBの無償追加を実施して対応した。

　これは、熊本地震ではじめて浮上した課題で、総務省も携帯事業者も、事前には想定していなかったことといえる。それにもかかわらず、迅速・柔軟な対応ができたことは評価すべきだろう。どのような経緯でこうした対応が可能となったのか、あらためて検証が必要と思われる。

3-2 支援物資には遅れも － 情報システムの準備なく

　熊本市内および周辺部では、水道の断水が継続し、飲料水の確保が困難だった。食料などの支援物資についての情報は、Facebook、LINE、Twitter、Webサイトなどで多くの発信が行われ、利用者側もこれらをかなり活用していた。

　しかし、支援物資の搬入・配送などについては、ニーズのマッチングのための情報システムが準備できていなかったことから、公式避難所であっても、物資を必要とする箇所にタイムリーに届かない局面も報告されていた。

　民間の自主避難所については、行政側が実態を把握できず、情報伝達はもとより、物資の供給も不十分なところが多かったようだ。この点については、東日本大震災以降、指摘されてきた課題であったが、残念ながら対応は遅れていた。

3-3　デジタルとアナログ　「情報弱者」への支援策

　ネット上では活発な情報交換が見られたが、スマホなどのネットを活用できない「情報弱者」に対して、紙ベースでの情報提供という面では、必ずしも十分ではなかったとの懸念は残る。

　とくに、最新のデジタルツールの利用が得意ではない高齢者や障がい者などは、紙媒体や口コミなどの情報手段への依存度が高い。そうした相対的な「情報弱者」が必要とする情報がどのように提供できたのか、明確なデータはとれなかったが、各地の避難所をまわった印象では、張り紙などはされていたが、必ずしも十分な情報提供がなされていたとは言えない面もあった。

　高齢者、障がい者の被災については、老人ホームなどの福祉施設でスタッフの不足を含めた困窮が伝えられていた。これら「情報弱者」を対象とする情報支援のありかたについては、情報伝達手段の利用度・効果について調査をするなど、客観的なデータを獲得し、対策を進める必要があると思われる。

張り紙などによる情報提供（阿蘇市役所）

張り紙などによる情報提供（南阿蘇村白水庁舎）

3-4　県境を越えた支援展開

　熊本市および周辺地域と阿蘇方面の山間部とでは、地理的かつ社会的な状況が異なっており、支援の展開状況にも大きな違いが見られた。阿蘇地域では、熊本からの主要交通路の寸断の影響もあって、南阿蘇村、西原村、高森町、阿蘇市など、熊本市内からの支援が困難なところが多かった。

　これらの地域には、隣接する宮崎県、大分県側からの支援活動が進められた。とくに大分県竹田市一帯は歴史的に熊本側との社会・経済的な結びつきが強く、竹田市の社会福祉協議会が5月1日に南阿蘇村を支援する前進基地＝ベースキャンプを設置し、多くのボランティアを集めるなど、県境を越えた支援が展開された。この竹田市での取り組みには、東日本大震災の際に沿岸部に対する「後方支援」を行った遠野まごころネットなどの取り組みも参考にされていた。

第4章　今後の展開について

4-1 被災住民の意思を中心に

　熊本県内および大分県内に開設された避難所は、順次縮小・集約され、仮設住宅への入居が進んでいる。ただし、仮設住宅に入居せず、かつ指定避難所外に「自主避難」している被災者も少なくない。こうした人々も含めた生活再建を支えるためには、各種の情報支援策が必要になる。仮設住宅に入居しても、災害前と同様のレベルに近づける情報環境の整備をはじめ、生活再建に資する情報支援が必要となる。

　児童生徒の学習支援、通学が困難になる高校生などに情報手段を効果的に活用する支援などのニーズの発生も予測される。前述した、高齢者、障がい者など、いわゆる「災害弱者」は、同時に「情報弱者」であることが多く、周囲の介護者、支援スタッフなどを含めて情報支援策の立案・提供が求められる。

　さらに、被災地における主産業の一つである観光業をはじめ、農業、林業など一次産業の復興支援、加えて経済社会の再生、復興に向けたICTの利活用による積極的な支援策の展開が必須となる。

　これら各種の支援策については、なによりも被災された住民側の意向、意思を中心に据え、地元の知恵と発想を生かす展開が求められる。

4-2 県外・広域避難者について

　自宅損壊などのためいったん避難所などに避難したが、自立生活が困難となり、東京など遠隔地に居住する家族が引き取る形での「広域自主避難」の事例が報告されている。総数は把握できていないが、相当数が該当するものと考えられる。彼らの多くは「情報弱者」でもあり、身内の人間などが密着した付き添いが必要となる。

　広域避難者に対しては、政府や自治体による宿泊施設や住宅の提供策も講じられているが、必ずしも広く知られておらず、家族が居住する自治体にそうした施策が実施されていない場合には、全額自己負担での対応が迫られる。東日本大震災では、福島の原発事故による広域避難者が大量に発生し、一定の組織的な対応も行われたが、熊本地震では、相対的には少数であるためか、十分な対応がされたとは必ずしもいえない。この点について、効果的な施策を実施する必要があると思われる。

　南海トラフ地震や首都直下型地震など、今後の災害でも同様の事態が多数発生することが想定され、そうした場合にも、被災者は全国どこでも一定の支援を受けられるように、マイナンバーや公共情報コモンズなども活用した、広域で利活用できる災害支援情報共有・支援システムの実装が求められる。

第4章　今後の展開について

4-3　社協の災害支援の課題

　高齢者や障がい者など、いわゆる「避難行動要支援者」への対応が大きな課題となった。たとえば被災地の高齢者用施設は、多くの施設が損傷を受け、自身も被災した職員が多く、全体のキャパシティが大幅に落ち、県外から要員の派遣が要請されているが、厳しい状況が続いている。

　災害時には、当該自治体の社会福祉協議会、いわゆる「社協」が、被災者支援のための災害ボランティアセンター、通称ボラセンを設置・運営することが多い。社協は、平常時には障がい者、高齢者への福祉サービスが「本業」であるが、ひとたび被災すると、ボラセンの業務が大きく加わり、本業がおろそかになりがちという構造的矛盾をもつ。

　熊本地震に際しては、隣接する宮崎や大分などの社協が応援部隊として災害支援にかけつけ、地元社協の負担を少しでも軽減しようとしていた。しかし、災害のたびに同じような混乱が繰り返される情況は、今回も発生していた。

　筆者は、4月末に西原村、菊池市、竹田市のボラセンを訪問し、情報環境などについて状況を聞いた。パソコンや無線LANなどの機器・環境は必要最低限のものが整備されていたが、技術に詳しいスタッフがいないところでは、十分活用できないところもみられた。

　熊本市のボランティア団体の拠点でも、IT DARTのメンバーが支援に入り、プリンター複合機の設定など、簡単なようで面倒な作業を行った。竹田市のボラセン「ベースキャンプ」には、一般社団法人災害IT支援ネットワークの柴田哲史代表らが加わり、ボランティア事前受付システムを開発・運用し、支援業務の効率化に貢献していた。

　今後想定される大規模災害に対して、現在の社協によるボラセン設置・

運営体制では、おそらく決定的に不十分と考えられる。東日本大震災以来の蓄積されてきた知見と教訓を総括し、根本的な改善、新たな体制整備が必要だろう。

そのなかで、業務の効率化に大きく効果があげられるとみられる、支援・物資などのニーズ・シーズのマッチングシステムや、ボランティアの受付・管理システムなど、災害時に必ず発生する業務を支える情報システムの整備、最新技術を活用しての機動的な開発・設定・運用が求められている。

.

謝辞

　総務省・九州総合通信局、経済産業省・九州経済産業局、NTT東日本、NTTドコモ、KDDI、NECパーソナルコンピュータ、ITコーディネータ協会、竹田市社会福祉協議会、遠野まごころネット、(株)インプレス、(株)フレインほかの組織の皆様には、東京・福岡・熊本などの拠点に連絡をとり、情報提供、状況の把握、関係者・機関の紹介、ニーズの掘り起こしなどで多大な協力を受けました。Facebookグループ、同ページなどでも連携活動が進められています。

　個々にお名前をあげることは差し控えますが、関係者の皆様にはあらためてお礼申し上げます。今後の被災地への支援活動の継続によって、皆様へのお礼に代えていきたいと思います。

著者紹介

会津 泉 （あいづ いずみ）

1952年仙台生まれ。1980年代はパソコン通信、90年代はインターネットの普及を推進。97年よりマレーシアでアジア・途上国でのインターネットの普及、グローバルな政策課題の研究・実践に取り組む。2000年東京に戻り、デジタルデバイド、インターネット・ガバナンス・フォーラム（IGF）などのグローバルな政策議論に市民社会メンバーとして参加、利用者中心のネット社会の発展をめざして活動。

◎本書スタッフ
アートディレクター/表紙フォーマット設計：岡田 章志＋GY
表紙デザイン：BRIDGE KUMAMOTO —杉村武則（OVAL）
編集：宇津 宏
デジタル編集：栗原 翔

《BRIDGE KUMAMOTO》
平成28年熊本地震をきっかけに生まれた、「熊本の創造的な復興の架け橋となること」を目標とした、熊本県内外のクリエイターおよび支援者の団体です。
クリエイティブ制作、イベント企画、商品開発など、クリエイターや企業の様々な共創を生むことで、外部の支援だけに頼らない自立した復興プラン作りを行っています。http://bridgekumamoto.com/
本書の表紙はBRIDGE KUMAMOTOの活動に賛同した、熊本在住の若手グラフィックデザイナーが制作しました。

●本書の内容についてのお問い合わせ先
株式会社インプレスR&D　メール窓口
np-info@impress.co.jp
件名に「『本書名』問い合わせ係」と明記してお送りください。
電話やFAX、郵便でのご質問にはお答えできません。返信までには、しばらくお時間をいただく場合があります。なお、本書の範囲を超えるご質問にはお答えしかねますので、あらかじめご了承ください。
また、本書の内容についてはNextPublishingオフィシャルWebサイトにて情報を公開しております。
http://nextpublishing.jp/

●落丁・乱丁本はお手数ですが、インプレスカスタマーセンターまでお送りください。送料弊社負担にてお取り替えさせていただきます。但し、古書店で購入されたものについてはお取り替えできません。

■読者の窓口
インプレスカスタマーセンター
〒101-0051
東京都千代田区神田神保町一丁目105番地
TEL 03-6837-5016 / FAX 03-6837-5023
info@impress.co.jp

■書店/販売店のご注文窓口
株式会社インプレス受注センター
TEL 048-449-8040 / FAX 048-449-8041

震災ドキュメント
熊本地震　情報通信の被害・復旧・活用状況

2016年10月28日　初版発行 Ver.1.0（PDF版）

著　者　　会津　泉
編集人　　桜井　徹
発行人　　井芹　昌信
発　行　　株式会社インプレスR&D
　　　　　〒101-0051　東京都千代田区神田神保町一丁目105番地
　　　　　http://nextpublishing.jp
発　売　　株式会社インプレス
　　　　　〒101-0051　東京都千代田区神田神保町一丁目105番地

●本書は著作権法上の保護を受けています。本書の一部あるいは全部について株式会社インプレスR&Dから文書による許諾を得ずに、いかなる方法においても無断で複写、複製することは禁じられています。

©2016 Aizu Izumi. All rights reserved.

印刷・製本　京葉流通倉庫株式会社
Printed in Japan
ISBN978-4-8443-9729-8

NextPublishing®

●本書はNextPublishingメソッドによって発行されています。
NextPublishingメソッドは株式会社インプレスR&Dが開発した、電子書籍と印刷書籍を同時発行できるデジタルファースト型の新出版方式です。http://nextpublishing.jp